AF404256

LA
VIVISECTION

DEVANT

LA SCIENCE ET DEVANT L'OPINION

PAR

Le Dr HENRY DE LALAUBIE

Mémoire couronné par la Société protectrice des animaux
de Londres et celle de Paris.

3e ÉDITION, REVUE ET CORRIGÉE.

PARIS

MARQUIS, LIBRAIRE-EDITEUR

14, RUE MONSIEUR-LE-PRINCE, 14

1868

A. PARENT, imprimeur de la Faculté de Médecine, rue Mr-le-Prince, 31.

A LA MÉMOIRE

DE MES DEUX GRANDS-PÈRES

LE D^R DE LALAUBIE

CHEVALIER DE LA LÉGION-D'HONNEUR,
MAIRE D'AURILLAC,

ET

LE D^R DE MONTJOLY

A mes débuts dans une carrière où je puis marcher d'un pas sûr, en me guidant d'après les traditions que vous m'avez léguées comme le plus précieux héritage, et qui ont rendu votre mémoire vénérée et inaltérable, c'est une bien grande satisfaction pour moi de pouvoir déposer sur votre tombe une première couronne scientifique.

Puisse ce pieux hommage attirer sur l'héritier de souvenirs qui obligent votre bénédiction d'outre-tombe !

Dr Henry de **LALAUBIE**.

Il est sans doute prétentieux de mettre une préface en tête d'un travail aussi humble que celui-ci; toutefois les circonstances nous en font une obligation.

Ce mémoire, couronné par la Société protectrice des animaux de Londres, avait pour but de résoudre une question d'actualité qu'elle avait mise au concours. Nous en avons en outre présenté quelques extraits comme thèse inaugurale de doctorat à l'École.

Dans les généralités servant de préliminaires à ce travail écrit il y a trois ans, nous avions été amené à parler de la question des préjugés qui, comme chacun le sait, est l'obstacle le plus invincible que le progrès rencontre sur sa route. Nous citions, à l'appui de notre opinion, deux exemples pris dans l'ordre moral et religieux, sans qu'il nous fût venu à l'esprit d'attaquer ces deux bases de la civilisation. Nous voulions seulement montrer combien un esprit méticuleux et sans envergure sert mal la cause dont il se constitue l'avocat, en faisant passer les principes dans le laminoir de son étroitesse de vue.

Après les derniers événements, les quelques lignes dont il s'agit eussent paru un défi aux adversaires de l'École, et nous les avons prudemment supprimées dans notre thèse; mais nous avons décidé que là s'arrêterait l'intolérance de la censure académique. Les cent exemplaires de la Faculté ont été seuls tirés, et nous faisons paraître aujourd'hui, au complet, notre travail, dans une édition sur laquelle les ciseaux académiques n'ont pas de prise.

En agissant ainsi, nous voulons simplement faire acte d'indépendance, et protester contre l'intolérance aussi nettement affichée, mais sans y ajouter le moindre caractère d'agression contre des doctrines que nous respectons du fond de notre âme.

Ce n'est point au moment où, grâce aux manœuvres déloyales de ses ennemis, le drapeau du matérialisme relève fièrement la tête, que nous voudrions laisser planer un doute sur nos convictions. A cette heure, nul n'est assez petit pour avoir le droit de se taire, et concourir par son silence au triomphe d'une opinion qui n'est pas la sienne.

Nous ne sommes pas avec ces libéraux qui ont besoin d'une foi officielle, et qui, en attaquant des personnalités d'un talent incontestable, et non la doctrine elle-même, ont compromis ce que leur pétition contenait de réellement sensé, de réellement pratique et pratiquement palliatif : la liberté de l'enseignement supérieur; mais nous demandons à faire nombre parmi ceux qui essayent de relever honnêtement le drapeau de la tradition spiritualiste, qui est aussi celui de la tradition médicale.

En terminant, nous prions M. le professeur Béhier, si connu pour sa bienveillance et sa bonté, d'accepter l'expression de notre vive reconnaissance.

Nous le remercions du fond du cœur de l'honneur qu'il nous a fait en acceptant la présidence à notre thèse, et de la chaleur avec laquelle il s'est déclaré le défenseur de la pitié et de l'humanité envers les animaux.

LA VIVISECTION

DEVANT LA SCIENCE ET DEVANT L'OPINION

> Il ne faut pas verser capricieusement le sang et prodiguer la douleur, et celui qui interprète les mystères de la vie doit avoir l'esprit élevé, l'âme miséricordieuse et les mains innocentes.
>
> (LITTRÉ.)

Depuis ces dernières années, il s'est formé entre la France et l'Angleterre une sainte alliance pour renverser la vivisection.

Cette coalition anti-scientifique a grandi en déployant l'étendard de la pitié et en faisant appel aux sentiments généreux. Comme une émeute puissante, elle a fait entendre son cri de guerre et forcé le ministère à porter la question devant un tribunal compétent. Le procès a été fait, les débats ont eu lieu, nos grands orateurs de l'Académie de médecine sont montés à la tribune; mais, vu la difficulté de rendre un jugement explicite, les uns se sont contentés de blâmer quelques cruautés; d'autres ont exhorté solennellement la science à un peu plus d'humanité; la majorité enfin a passé légèrement sur l'accusation et a voté contre l'intervention de l'autorité en matière scientifique.

La Société royale protectrice des animaux, de Londres, a placé la question sur son véritable terrain. Elle a compris que l'intérêt que lui inspire la classe animale ne peut la faire déroger à ses devoirs envers la Société. Sa sollicitude est un écho généreux et puissant de l'intérêt que cette question vivement agitée a fait naître dans les cœurs droits et accessibles à la pitié.

Toutefois, elle n'a pas tranché le débat sous une inspiration noble, mais enthousiaste ; et pour ne point céder à la partialité à laquelle semblaient la condamner ses principes et sa devise, elle a fait appel à l'expérience du passé, ce phare de l'avenir. Elle a voulu que la vivisection plaidât elle-même sa cause, bien décidée à ne prononcer qu'après avoir entendu les débats. Cet acte de modération et de justice est une preuve manifeste de l'empire que la raison a pris sur les préjugés ; il est l'expression la plus puissante des tendances et des aspirations de notre siècle.

Assez de préjugés ont pesé sur la science de tout le poids qu'ils exerçaient sur des esprits faibles et étroits. Rappelons-nous André Vésale, cet homme vraiment religieux, mais au-dessus des mesquines influences qui étiolaient l'intelligence, poursuivi par l'inquisition et se dérobant à ses saintes fureurs pour se livrer à des études anatomiques sur le cadavre. La dissection était alors regardée comme un sacrilége, ainsi que le croyait naïvement André Vésale lui-même, ce génie qui avait soif de la vérité et qui la cherchait avidement en demandant pardon à Dieu du sacrilége qu'il pensait commettre.

Citons, dans un autre ordre de faits, à une

époque voisine de la nôtre, en 1772, Guilbert de Préval, doyen de la Faculté de médecine de Paris, destitué et honteusement banni de l'École pour avoir publié un spécifique contre la contagion vénérienne. Les moralistes s'indignaient pudiquement, l'accusant d'encourager à la débauche par l'espoir de l'immunité.

Aujourd'hui que la raison et le bon sens ont devancé la marche des temps et que les demi-ténèbres ont disparu sous le flambeau de l'intelligence libre, la dissection est l'étude la plus élémentaire de notre art, en même temps que la plus respectée. Chacun, loin de nous vouer au bûcher comme il y a quelques siècles, chacun nous sait gré de triompher de nos répugnances instinctives, et nos études anatomiques reçoivent chaque jour une nouvelle impulsion. L'École de Paris ne doit-elle pas sa suprématie à ses travaux anatomiques ?

Quant à la prophylaxie et au traitement de la syphilis, que d'ouvrages ont été publiés jusqu'à ce jour, sans que la morale publique s'en indigne ; et l'humanité attend avec une fièvreuse impatience le spécifique qui pourra la préserver du fléau ou détruire le mal à sa source. L'humanité a trop d'intérêt à ces recherches pour affecter une pruderie malséante à notre époque (1).

____

(1) Quittant son point de vue spéculatif, les moralistes modernes se sont enfin demandés ce que devenaient la femme et les enfants d'un sujet soumis à l'infection vénérienne.

L'œil du médecin avait de prime abord tout embrassé.

Nous avons cité ces deux exemples pour montrer combien les préjugés pouvaient entraver la marche de la science. Nous pourrions rapprocher de la dissection la vivisection qui n'est autre que la dissection sur l'animal vivant, et trancher, comme on l'a fait, la question par le ridicule ; si nous ne songions que notre travail n'est pas une critique de préjugés et d'opinions, mais bien un plaidoyer en faveur de la vivisection.

Si nous n'écoutions que les premières inspirations de notre cœur, nous nous associerions à ceux qu'émeuvent les souffrances des animaux et qui attaquent la vivisection au nom de la pitié ; mais ce serait agir en enthousiaste, et non en homme qui a pesé la question sous toutes ses faces. Au-dessus de nos devois envers les animaux, il en est envers nos semblables. Ces devoirs qui semblent incompatibles ne s'excluent pas cependant ; il est possible de les concilier dans une mesure sage en même temps qu'humanitaire, et c'est là qu'est le nœud de la question.

A ceux qui, écoutant aveuglément le cri de la pitié, sans se donner la peine de réfléchir aux embarras dans lesquels nous plongerait leur jugement exclusif s'il était souverain, réclament systématiquement que la science soit dépossédée de la vivisection, nous demanderons par quoi ils veulent la remplacer. Ils veulent nous priver d'une méthode sûre, fidèle, puissante, puisqu'elle a produit ; que nous offrent-ils en échange ? Ils nous répondront peut-être que peu leur importe. A ceux-là, nous ne donnerons pas plus ample explication et nous nous contenterons de revendiquer pour l'homme un peu de cet intérêt qu'ils professent pour l'animal.

D'autres, ceux qui raisonnent, nous diront peut-être : La dissection ne vous suffit-elle pas ? A ceux-là nous répondrons : non, la dissection ne nous suffit pas ; car nous avons souvent besoin de prendre la vie sur le fait et pour constater ses effets immédiats, de surprendre une fonction en activité, un organe en exercice ; d'étudier là les phénomènes de la digestion, ici de la circulation, de voir là la succession intime des phénomènes que produit tel agent, ici la réaction de l'économie en exercice. Que nous montrera l'étude du cadavre? Le théâtre désert de la vie, les effets matériels de la cause ; il ne nous montrera pas la succession même de ces effets, leur production intime. Or, que de déductions fécondes pour le médecin ! Ici, en sollicitant la vie par tel ou tel agent modificateur, il pourra anéantir les efforts morbifiques ; là il peut enlever tel organe ou telle portion d'organe sans détruire d'un coup l'édifice de la vie ; là par l'autoplastie, il peut suppléer à la négligence de la nature, il est le complément du Créateur.

Ce raisonnement fera ouvrir les yeux aux esprits droits, elle ébranlera leur conviction. C'est avec ceux-là que nous étudierons la question, et en déterminant le point où doit s'arrêter la vivisection, nous aurons l'occasion de rechercher dans quelle mesure nous pouvons user et disposer des animaux sans dépasser les limites du juste et de l'honnête.

La vivisection est-elle indispensable pour donner aux praticiens, l'assurance et l'habileté nécessaires dans les opérations chirurgicales et vétérinaires?

Ou dans un sens plus général:

La vivisection est-elle indispensable à la science?

Si elle est indispensable dans l'intérêt de la science, sous quelles conditions doit-elle être exer-cée ?

Telle est la question posée par la Société royale protectrice des animaux, de Londres. Ce programme catégorique renferme le débat dans sa limite naturelle, la seule qui puisse préoccuper la science en même temps que l'humanité. La réponse à cette question sera la solution du problème qu'un débat académique n'a pu même résoudre.

Nous étudierons la vivisection sous tous les points de vue qui intéressent la science. Nous l'examinerons d'abord comme apprentissage aux opérations de chirurgie humaine et vétérinaire, comme moyen d'acquérir de l'assurance et de l'habileté. Nous tâcherons de prouver qu'à ce point de vue, la vivisection rend fort peu de services et que, sauf quelques cas exceptionnels, n'étant nullement motivée, elle soulève à juste titre la réprobation et l'indignation universelles.

L'étudiant ensuite et surtout comme méthode de découverte, nous passerons en revue quelques-unes des principales conquêtes que la science doit à son intervention, et nous nous efforcerons de faire ressortir combien tout autre procédé eût été impuissant à nous léguer de pareils bienfaits. Nous tâcherons de prouver que, si la dissection est le criterium de l'anatomie, la vivisection est le criterium de la physiologie normale et pathologique, et que ces deux sœurs ouvrières de la science sont à égal titre le flambeau de l'art de guérir.

C'est à ce point de vue que la vivisection est surtout féconde en résultats précieux, et nous prendrons à témoin de notre assertion les hommes dont la science s'honore le plus. C'est à ce titre que nous la revendiquerons comme notre guide le plus sûr, le procédé le plus fidèle qui nous permette d'interpréter les mystères de la vie.

Nous espérons établir enfin que nous priver de ce procédé de conquête, c'est arrêter la science dans tous ses élans laborieux, c'est mettre sur sa route une barrière infranchissable, et, pour nous servir du langage du poëte, lui dire :

Tu n'iras pas plus loin.

C'est dans ce but que, dans les écoles vétérinaires et notamment à Alfort, les élèves se livrent à des manœuvres horribles sur les animaux.

Nous comprenons trop l'élévation morale de notre pays pour accepter, comme méritées, les invectives adressées à la chirurgie française. C'est auprès de ces hommes recommandables à tous égards, que les nations civilisées viendront puiser les éléments d'une instruction sûre, fruit de labeurs incessants, mais comme tout ce qui est grand, accessible à des sentiments d'humanité. Ne nous accusait-on pas de commettre des expériences, dans le but de satisfaire des passions infâmes? Cette accusation ne mérite pas de réfutation; notre conduite et la douceur de nos mœurs en font justice.

Allons au fond des choses. Les cruautés commises à Alfort avaient attiré sur nos savants ce torrent d'invectives déplacées. Lors de la discussion provoquée dans le sein de l'Académie de médecine, MM. Moquin-Tandon, Dubois (d'Amiens), Parchappe et Béclard, protestèrent contre ce moyen d'apprentissage opératoire, que la chirurgie humaine mieux inspirée repousse comme un procédé, dont les rares avantages ne légitiment pas l'emploi. M. Piorry ne formulait-il pas cette conclusion : Toute expérience sans but d'utilité est un acte cruel et coupable?

Malgré ces protestations énergiques, la crainte

d'une réglementation impuissante, la crainte aussi de gêner les intérêts de la science, et les témoignages de MM. les vétérinaires d'Alfort affirmant que l'état de choses était changé, entraînèrent l'Académie à déclarer que les plaintes n'étaient pas fondées et qu'il n'y avait pas lieu de s'en occuper.

Pour nous. tout en comprenant les motifs qui ont pu inspirer une telle décision à un corps dont la science est le culte et qui s'y sacrifie si généreusement, nous ne pouvons nous ranger à cette manière de voir, et nous verrions volontiers l'emploi de la méthode sanglante proscrit de toutes les écoles vétérinaires.

En fait, si la vivisection était indispensable au praticien pour acquérir l'habileté nécessaire dans les opérations chirurgicales, la Médecine humaine qui dispose à juste titre de la vie et de la souffrance des animaux, s'en serait emparée comme d'un moyen d'essai. Et cependant, il n'en est rien. La chirurgie française réprouve toutes ces opérations sanglantes comme des cruautés illégitimes ; car elles ne sont pas indispensables. Ce n'est qu'à une nécessité absolue qu'elle sacrifie la générosité et la douceur de sa pratique. Elle ne se livre pas à des vivisections dans un but d'exercice opératoire, et, dans ce noble abandon d'un moyen barbare, elle ne perd rien de son habileté. Où trouvera-t-on réunie tant d'habileté à tant de science ? Où trouvera-t-on des esprits aussi féconds en ingénieux procédés servis par une adresse aussi grande et aussi délicate?

N'est-ce pas auprès de ces grands maîtres que les nations voisines envoient l'élite de leur jeunesse, pour se former dans la pratique de tant de talents réunis?

Et cependant tous ces talents, adresse, savoir, notions opératoires, sont le fruit d'exercices sur le cadavre. On a dit que le manuel opératoire différait suivant qu'on s'exerçait sur le vivant ou sur le cadavre, et que le chirurgien faisait son apprentissage aux dépens de ses premiers malades. Ce raisonnement ne saurait légitimer l'emploi de la vivisection dans les études vétérinaires ; car expérimenter avec cruauté sur un animal sans valeur, c'est spéculer sur la souffrance. C'est la vile exploitation par la cruauté.

Au reste, ce n'est que dans un petit nombre de cas qu'il y a une différence notable et appréciable dans les conditions de l'opération, suivant qu'on la pratique sur le cadavre ou sur le vivant ; et ces conditions peuvent être étudiées dans les cliniques chirurgicales vétérinaires, comme nous les étudions dans nos cliniques chirurgicales. La principale dissemblance réside dans la différence de rétractilité des tissus, suivant qu'ils sont ou ne sont plus sous la dépendance de la vie. Ces notions peuvent être amplement puisées dans les divers éléments d'études sans avoir recours à des expériences aussi terribles.

Sans doute, la question de ressource a durement pesé sur la destinée de ces misérables victimes vouées à l'expérimentation. Suivant que le budget de l'école le permettait, on épargnait à l'animal plus ou moins d'opérations. Le nombre classique est de soixante-quatre, et on pouvait les pratiquer successivement sur le même animal sans qu'il mourût. M. Dubois (d'Amiens) en parlait à l'Académie avec une noble indignation, et, dans une de ses visites à l'Ecole d'Alfort, il ne put retenir le mot *atrocité!* MM. Bouley et Reynal ont affirmé que le nombre des opérations que l'on pratiquait actuellement sur l'animal vivant était diminué et que la cautérisation et l'arrachement des dents étaient supprimés. Ils ajoutaient même que plusieurs autres opérations, telles que l'extraction d'une partie du sabot, étaient modifiées. Quand toutes ces opérations et d'autres encore seraient retranchées du nombre de celles que l'expérimentation commet journellement à Alfort, il en reste assez dont la pratique est une torture inouïe et multipliée et qui révolte à juste titre les cœurs droits et sensibles. Qui peut penser sans horreur à cette série de supplices les plus barbares, se succédant sans interruption, s'aiguisant mutuellement et accablant l'animal sous une condensation de douleur. Et tout cela pour acquérir, dit-on, une plus grande habileté dans la pratique de la chirurgie vétérinaire! Tout cela pour épargner à une valeur le déchet d'une maladresse! Tout cela parce que, comme l'a dit M. Bouley, l'animal que l'on soigne dans sa clientèle est une propriété! Tout cela enfin parce que chacune de ces tortures se condensera en valeur! Voilà l'explication dans sa crudité, la voilà étalée sous sa hideuse figure.

Cependant, pour empêcher cette cause de tomber sous le poids de la réprobation générale, on a employé un raisonnement humanitaire. En outre, a-t-on dit, toutes ces manœuvres habituent les élèves à la résistance des animaux dangereux; et quand il n'y aurait que ce but, les souffrances seraient largement justifiées. Pour réfuter cette proposition, il suffit de considérer combien il serait absurde de s'exposer à la mort, afin de se familiariser avec des dangers de ce genre. C'est devancer le danger et le subir dans les mêmes conditions; nous ne comprenons donc pas la justesse de ce raisonnement. Ou il y a péril, et dans cas c'est s'y exposer inutilement; ou il n'y a pas péril, et alors quel profit trouve-t-on dans ce coupable exercice? Au reste, admettant que la pratique puisse exposer à toute sorte de dangers, nous croyons qu'il est facile à l'opérateur de se prémunir contre eux. Les ressources dont l'art dispose ôtent à l'animal toute faculté de défense. Ce n'est plus qu'une affaire de peine, de soins et d'appareils qu'il est facile à l'opérateur d'avoir sous la main au même titre que ses instruments opératoires.

Sans s'occuper de l'étude de ce raisonnement que contenait le rapport, M. Béclard disait: «En comparant les vétérinaires aux médecins qui ne comptent jamais les périls auxquels ils sont exposés, on voit que les vétérinaires veulent se prémunir contre les dangers que les médecins ont plusieurs fois méprisés. » M. Béclard manifestait, du reste, le désir qu'on suppléât au manuel opératoire sur le cheval vivant par une pratique plus longue des cliniques vétérinaires.

Il nous paraît suffisamment démontré que la visection n'est point indispensable pour l'étude de l'art vétérinaire. Il est constant qu'il s'est passé dans les écoles vétérinaires des atrocités dont la science n'a jamais bénéficié. N'a-t-on pas parlé d'animaux exténués par une longue privation de nourriture et chez lesquels le supplice de la famine est le prélude des tortures.

En conséquence, nous croyons qu'on peut interdire la vivisection dans toutes les écoles vétérinaires, sans que cette mesure soit préjudiciable à la science. Il nous semble que la loi Grammont pourrait s'appliquer à un délit de cette nature.

On nous dira que c'est violer le domicile de la science ; nous répondrons que les excès commis à Alfort sont aujourd'hui de notoriété publique ; qu'ils sont un attentat contre la morale ; et que la justice qui viole le domicile du particulier peut bien violer le seuil de la science pour assurer le maintien de ses lois. L'École d'Alfort est un lieu bien autrement public que le laboratoire du savant.

Quant à la vivisection comme étude opératoire de chirurgie humaine, la question d'opportunité est tout entière dans celle de nécessité. La véritable humanité consistant à sacrifier la vie de l'animal dans l'intérêt de la vie humaine, toute la question revient à examiner si cette méthode sanglante est nécessaire ou non. Or, la chirurgie humaine y voit si peu d'avantages qu'elle a repoussé cette pratique cruelle et barbare ; et l'expérience nous montre que l'exercice sur le cadavre lui supplée parfaitement. Quelques cas particuliers et excessivement rares pourraient en exiger l'emploi ; aussi croyons-nous qu'il est bon d'en laisser l'appréciation à la chirurgie dont la conscience et l'humanité ressortent assez de son abstention habituelle.

On nous accusera peut-être de vouloir asservir l'art vétérinaire qui nous est étranger, et de plaider en faveur d'une cause qui nous intéresse particulièrement. Sans doute la médecine vétérinaire et la médecine humaine ont un but commun, celui de guérir ; mais, sans vouloir nous arrêter à prouver que la médecine vétérinaire bénéficie de nos travaux et que la lumière lui vient le plus souvent de l'art qui s'applique à l'homme, nous dirons que la différence d'applications des connaissances que nous fournissent ces deux sciences nous paraît capitale. Instituées l'une et l'autre dans l'intérêt de l'homme, l'une veille sur ses intérêts matériels et l'autre sur sa vie. Chez l'une, la vivisection n'est qu'une barbare exploitation de la souffrance ; chez l'autre c'est un moyen pénible, mais nécessaire suivant les cas, d'accomplir sa tâche. Cette distinction suffit croyons-nous pour légitimer la partialité dont on pourrait nous accuser.

DE LA VIVISECTION COMME PROCÉDÉ DE DÉCOUVERTES.

Nous allons étudier la vivisection sur son véritable terrain, sur son champ de gloire et de triomphe; nous espérons y trouver aussi celui de notre cause. Il ne s'agit plus ici d'un apprentissage dans des mains inhabiles; la question grandit tout d'un coup, elle touche au génie de la science, elle en devient le flambeau.

Nous nous contenterons d'énumérer quelques-unes des grandes découvertes que la science doit à son intervention : nous ne pourrions les énumérer toutes. Notre travail ne serait plus alors un humble plaidoyer; il deviendrait le compendium des richesses scientifiques. Ce serait faire l'historique des sciences médicales, dresser le tableau de leur progression. Après avoir montré que chacune de ces découvertes importantes, qui sont pour ainsi dire le fondement essentiel, la base indispensable de la science et de la pratique, sont bien dues à la vivisection, nous espérons prouver que toute autre étude eût été impuissante, stérile. Si nous parvenons à ce but, il sera bien démontré que la vivisection est indispensable à la science et qu'on ne peut y suppléer.

Lorsqu'on examine chaque découverte, on est frappé de sa simplicité et on s'étonne qu'une théorie aussi simple ait nécessité des efforts aussi constants et aussi longtemps poursuivis. On serait tenté de douter du génie de nos devanciers; surtout si l'on considère les théories erronées qui leur tenaient lieu de celles que nous admettons pour vraies.

On rit avec suffisance, lorsqu'on passe en revue toutes les hypothèses, toutes les affirmations des médecins qui précédèrent Harvey; et sa découverte paraît si simple, si naturelle qu'on accuse aisément la fatalité de s'être montrée peu favorable envers nous, en ne nous faisant point du moins les contemporains de cet immortel expérimentateur. Quelles n'ont pas été les suppositions faites sur les attributions et le rôle des veines, avant la découverte de la circulation. Les détails les plus grossiers de leur structure avaient même échappé aux investigations de plusieurs siècles; car la présence des valvules fut démontrée par l'école de Fabrizio. Que si l'on recherche l'accueil qui fut fait à la découverte du célèbre médecin anglais, on s'indigne et à juste titre en voyant qu'une théorie aussi simple n'ait pas été admise de suite et ait eu besoin d'une défense sérieuse. Il en est ainsi de toutes les découvertes; l'esprit s'imagine facilement qu'il eût pu deviner ce qu'il sait. C'est une de ses illusions les plus tenaces, la seule peut-être que ne puissent lui faire perdre l'expérience et les vicissitudes.

En écrivant ces lignes, il y a déjà quelque temps, nous ne nous doutions pas qu'elles s'attaquassent à une actualité et qu'elles fussent la réfutation d'un article publié dans le *Cosmos* de 1864 et signé : STRAUSS-DURCKEIM.

L'auteur, du talent duquel nous ne doutons pas, se laisse aller à cette pente fâcheuse que nous venons de signaler, et ne peut croire que la circulation fût inconnue de l'antiquité. Comme ceci est une question historique, nous ne la discuterons pas, nous renverrons l'auteur aux renseignements. C'est un fait trop connu et trop marquant dans la progression des sciences, pour que nous nous exposions à ébranler son authenticité en admettant la nécessité de nouveaux témoignages.

Quant aux motifs qui ont entraîné l'imagination de M. Strauss-Durckeim à l'incrédulité, ce sont ceux-là mêmes que nous avons signalés. Laissons parler l'auteur : « Je dirai qu'il m'est impossible de partager cette opinion (que la circulation ait été inconnue des anciens), vu que la simple inspection de l'appareil circulatoire sur le cadavre démontre de la façon la plus évidente à quelle fonction il est destiné. En effet, la seule composition des parties ne saurait laisser douter que cet organe n'est autre chose qu'une double pompe hydraulique dont les deux corps intimement unis en une seule masse, sont très-savamment conformées à cet effet, etc. »

On voit que l'auteur connaît parfaitement sa physiologie; mais nous lui ferons précisément le reproche de se baser sur les connaissances qu'il possède et qu'il a puisées dans les éléments de la science enrichie tous les jours par l'étude, pour conclure à la possession éternelle de ces mêmes connaissances.

N'ajoute-t-il pas : « On pourrait m'objecter que,

les artères étant vides de sang chez les animaux morts, les anciens anatomistes et physiologistes les prirent pour des conduits remplis d'air. Cette erreur me paraît inconcevable de la part des chirurgiens d'alors qui ont dû reconnaître dans leurs opérations que le sang jaillit avec plus de force des ouvertures faites aux artères par celles pratiquées sur les veines, etc., etc. »

Tout cela nous semble clair ainsi qu'à vous; mais il paraît qu'il n'en était pas ainsi pour les anciens qui ne connaissaient pas l'anatomie comme nous la connaissons. Cela nous paraît simple, à nous qui avons le fil d'Ariane pour nous conduire dans ce labyrinthe qu'illuminent les efforts de six mille ans ; mais rappelons-nous que c'est peu à peu et au prix des labeurs les plus pénibles que les anciens ont construit cet édifice, dans l'élévation duquel les contemporains n'ont apporté que leur quote-part. Ils nous ont amené presque au point où nous sommes ; et parce que nous n'avons eu que quelques efforts à faire pour les devancer de beaucoup, ne nous étonnons pas de les voir restés en arrière. Comparons le chemin que nous avons fait nous-mêmes à celui qu'ils nous ont fait faire en nous portant sur leurs bras, et notre étonnement cessera.

Mais revenons à le théorie de la circulation, ignorée jusqu'à Harvey et qui ne pouvait être admise tant que les erreurs grossières qui servaient de base aux théories anciennes ne seraient pas montrées d'une manière irréfutable.

Harvey montra le scalpel à la main, sur l'animal vivant, les mouvements du cœur, les contractions alternatives des ventricules et des oreillettes, l'effet qu'elles doivent avoir de chasser le sang dans les artères. Revenant sur une erreur grossière et trop longtemps admise, il montra que les artères ne sont pas pleines d'air pendant la vie ; enfin il donna au monde cette découverte qui amena une importante révolution dans le traitement des maladies et en amena une plus grande encore dans l'histoire de la médecine.

Nous n'insisterons pas pour montrer qu'une vivisection était seule capable de faire jaillir la lumière dans le chaos ténébreux de l'antiquité où la médecine se trouvait encore plongée. Les théories absurdes qui précédèrent celle que donna Harvey en sont la meilleure preuve. L'autopsie pouvait-elle démontrer la contraction successive des ventricules et des oreillettes, le rôle des veines que l'on trouve affaissées et vides sur le cadavre? En un mot ne fallait-il pas surprendre le mécanisme de la circulation sur l'appareil en activité?

Nous rappellerons, à propos de la découverte de la circulation, les belles vivisections de MM. Chauveau et Marey, jetant un nouveau jour sur une question si minutieusement étudiée déjà et avec tous les moyens d'étude que la science possède. Malgré toutes ces recherches, toutes ces vivisections, des intelligences aussi belles que le D' Beau ne croyaientelles pas qu'il était permis de douter et de répondre par une nouvelle théorie?

Ce que nous savons des phénomènes de la digestion est une conquête moderne et nous la devons aux mêmes moyens. Des fistules pratiquées sur l'animal ont permis d'étudier le rôle des divers sucs qui concourent au travail digestif et d'assigner à chacun son action chimique. Le procédé dû à M. Blondlot a permis de suivre le travail de la digestion dans toutes ses phases successives. Une des déductions thérapeutiques la plus naturelle, c'est l'abstinence des aliments azotés difficilement digestibles dans les cas de gastrite.

M. Claude Bernard a démontré qu'en provoquant chez un animal un mouvement fébrile violent, les sucs gastriques et intestinaux cessaient d'être sécrétés dans leur état normal.

On peut tirer de ce fait des déductions thérapeutiques pour le traitement de l'érysipèle.

Des vivisections ont aussi démontré l'influence des centres nerveux sur les principaux viscères de l'économie. Rappelons tous les beaux travaux de M. Claude Bernard, le grand physiologiste. Ces travaux ont amené la connaissance des centres qui ont sous leur dépendance immédiate les organes et nous ont révélé les lésions qui pouvaient amener une perversion de fonctions. M. Bernard a démontré ainsi l'influence du système nerveux sur les fonctions glycogéniques du foie et a prouvé que la piqûre du bulbe (1) amenait une exagération de cette fonction.

A côté des travaux de M. Bernard, citons les expériences faites sur l'animal vivant dans le même but par MM. Nasse, Harley, Schiff. Ce dernier, se basant sur ses expériences, prétend que chez l'homme, c'est toujours par paralysie des vaisseaux que se produit la glycosurie. Mettons en face la théorie de M. Mialhe, qui pense que, quelle que soit la source du sucre, son oxydation dans le sang ne peut s'opérer qu'en présence des carbonates alcalins, que dès lors son accumulation dans le sang et par suite son passage dans l'urine sont dus au défaut d'alcalinité suffisante du sang. De là un mode de traitement du diabète par les alcalins.

Puisqu'il s'agit des recherches sur le système nerveux, combien de vivisections ont été commises pour se rendre compte des troubles qu'amènerait la lésion des différents cordons nerveux ! Cette étude permet au médecin de remonter de l'effet à la cause et d'assigner le point exact de la lésion dans certaines paralysies par exemple.

Rappelons aussi les recherches faites pour déterminer le rôle des diverses parties qui constituent l'encéphale et les deux systèmes nerveux dans les actes physiologiques et pathologiques ; toutes celles du célèbre professeur du Collége de France, dont chacune est un titre à l'immortalité ; et celles bien

______

(1) Il est aujourd'hui démontré que c'est la piqûre du plancher du quatrième ventricule.

connues aussi de M. Brown-Séquard, le grand physiologiste de l'Angleterre.

L'étude du système nerveux est celle qui doit le
plus à la vivisection et celle qui attend le plus de
ce procédé pour confirmer les résultats obtenus et
agrandir le cadre des connaissances physiologiques. C'est surtout dans les recherches de cet ordre
que la méthode qui nous occupe était indispensable; car cet immense appareil renfermé précieu-
sement au sein de l'organisme dont il semble être
l'âme, est le ministre de la vie et des facultés
morales. Il fallait forcer les murailles qui le dérobent
à l'œil pour l'étudier et rechercher l'irradia-
tion de son influence.

Que de grands noms nous sommes forcé d'o-
mettre et auxquels nous eussions aimé rendre
l'humble hommage d'une citation; mais le cadre
de notre travail nous condamne à l'ingratitude.

Peut-on parler de vivisections sans avoir présents
à la mémoire les noms qu'elles ont illustrés :
Ch. Bell, Muller, Valentin, Longet, Flourens, etc. ?

N'oublions pas cependant une personnalité sail-
lante, Magendie, dont nous n'énumérons pas les
expériences, parce que ce serait matière à volumes
et que le sujet qui nous occupe étant une actualité, nous cherchons nos preuves dans les travaux
les plus récents et ceux dont les résultats sont les
plus féconds pour la pratique.

Citons l'étude du développement des os et de leur
régénération par le périoste, étude palpitante d'in-

térêt depuis les beaux travaux de M. Ollier et les applications que la chirurgie conservatrice en fait à chaque instant. Quel nouveau jour pour la chirurgie ! Quel angle ouvert sur les destinées de la science et la jetant sur la route d'un avenir illimité ! Que de membres conservés grâce à cette découverte qui a enfanté des miracles et fait du chirurgien presque un créateur.

A côté, plaçons l'autoplastie si habilement utilisée par Jobert. L'autoplastie est pour nous une application récente, mais complétement passée dans la pratique chirurgicale.

N'oublions pas les vivisections qui ont amené la connaissance du mécanisme qui produit les anévrysmes, les expériences de Haller pour prouver que les anévrysmes mixtes internes peuvent être produits par la dénudation des artères de leur tunique celluleuse, et qui ont amené les expériences contradictoires et victorieuses du plus célèbre chirurgien de l'Angleterre, Hunter, qui amincit l'artère carotide d'un chien dans l'étendue d'un pouce, en enlevant la tunique interne et disséquant les autres couche par couche jusqu'à ce qu'il n'en restât qu'une lame transparente, et qui n'observa aucun accident ;

Celles d'Amussat prouvant que la torsion des artères offrait au sang un point d'arrêt persistant et qui pouvait remplacer la ligature ; celles de Pravaz et Guérard essayant la galvano-puncture dans le traitement des anévrysmes et obtenant, par ce moyen, la coagulation du sang contenu dans le sac; celles de Montegia et plus tard de Le Roy (d'Étiolles) tendant à amener le même résultat par des injections, essais devenus fertiles dans les mains de Pravaz, qui en fit réellement un procédé opératoire en employant le perchlorure de fer et en permettant d'en doser l'usage au moyen de la seringue qui porte son nom.

Ajoutons les tentatives faites pour démontrer l'innocuité des piqûres d'aiguilles à travers les artères, les nerfs, les muscles, le cœur lui-même. Elles ont amené l'application de l'acupuncture dans le traitement des névralgies et de l'électro-puncture dans celui de quelques maladies, entre autres l'atrophie musculaire progressive ;

Les expériences qui ont introduit les injections sous-épidermiques dans la thérapeutique et ont permis de calmer les souffrances les plus horribles ;

Celles qui ont servi à l'étude des effets toxiques ; celles qui ont déterminé l'usage du chloroforme pour soustraire le patient aux douleurs et aux dangers des mouvements involontaires dans les grandes opérations chirurgicales ; celles faites tant sur l'homme que sur les animaux, à l'époque de la discussion sur la syphilisation et sur la contagion des accidents de la vérole ; enfin tant d'autres qui, comme celles que nous venons d'énumérer, réclamaient un élément indispensable : la vie, et qui ont eu un immense retentissement sur l'avenir de la médecine.

Que l'on ne nous objecte pas que quelques-unes de ces découvertes n'ont pas eu d'application immédiate et qu'elles sont restées un succès stérile ! Cet argument serait complétement faux ; en médecine, rien ne se perd. Ce n'est qu'à force de matériaux qu'on élève l'édifice, et une nouvelle découverte féconde, celle qui était restée jusque-là stérile. Suivant le mouvement de la progression humaine, l'homme ne crée pas en général dans un but d'application immédiate ; il crée et plus tard il songera à employer son œuvre. Bien souvent il découvre ce qu'il ne cherchait pas, et là où il étudiait dans un but tout autre. La première locomotive ne fut pas construite le jour où les propriétés de la vapeur comprimée furent découvertes. Le gaz hydrogène ne fut pas employé à l'éclairage le jour où sa propriété combustible fut reconnue.

Ce n'est qu'en mûrissant ses acquisitions et en les multipliant que l'homme féconde chacune d'elles.

Et sans aller plus loin, tâchons de faire apparaître la question sous un jour nouveau et pratique. Tout procédé opératoire que l'on introduit dans la pratique n'y arrive jamais que par la vivisection , soit que la prudence et le jugement consciencieux l'essayent sur un animal, soit que le chirurgien, cédant à la confiance absolue que lui inspire son invention, ou bien à une indifférence criminelle, tente l'essai sur un malade commis à ses soins. Dans les deux cas, il y a vivisection, puisqu'il y a expérience sur un être vivant.

La médecine ne vit et ne se développe qu'au prix du sang versé. La question se résume à choisir la victime qui payera cette dette de sang. Sera-ce l'homme? sera-ce l'animal? On ne peut sortir de ce dilemme. Ce n'est plus ici pour se faire la main que le chirurgien fera de la vivisection; c'est pour juger de la bonté d'une méthode; c'est pour établir son droit de l'employer dans la pratique de l'art de guérir.

Que si nous examinons la conduite et les mœurs de ces hardis expérimentateurs, nous sommes frappés du dévouement qu'ils mettent au triomphe de leur conviction scientifique. Follin, dans son excellente Pathologie externe, cite le fait d'un étudiant, aujourd'hui médecin distingué en province, qui, sous les yeux de Rayer, s'inocula impunément le liquide provenant d'une pustule maligne, pour prouver l'impossibilité de la transmission. (Ce qui est loin d'être admis.)

Un interne qui porte un nom connu dans la science s'est intoxiqué, en faisant des expériences sur les effets toxiques, des préparations saturnines. Lindmann, médecin allemand, pour démontrer que les inoculations de chancres mous sont positives sur le porteur, s'est fait plus de deux mille deux cents inoculations.

En résumé, nous répéterons : chaque fois que notre étude a porté sur le jeu d'organes cachés, sur un mécanisme physiologique, il a fallu voir et toucher pour pénétrer le secret du mécanisme. Chaque fois qu'on a voulu se rendre compte de l'effet de tel ou tel agent, soit médical, soit chirurgical, sur les organes soumis à la vie, il a fallu expérimenter sur un animal vivant et suivre les effets de près. C'est dans ce but que la vivisection a été instituée et elle ne peut être rayée du catalogue des moyens les plus sûrs et les plus nécessaires dont la science dispose pour arriver à la vérité, qu'au jour où la médecine proclamera son infaillibilité, et, déclarant avoir comblé les abîmes de l'inconnu, rayera le mot : avenir, de sa divise.

Peut-on revenir sur des découvertes acquises et peut-on répéter des expériences dont les conclusions ont été une fois admises? Cette question a été posée à l'Académie de médecine par un de ses membres.

La résoudre négativement, c'est à notre avis prononcer le *semper valeat*, pour toute opinion que la science professe actuellement. C'est en même temps proclamer son infaillibilité et lui interdire de revenir sur ses jugements ; en un mot c'est complétement impossible et déraisonnable.

La science croit à sa faillibilité ; elle en fait chaque jour l'expérience, et ce doute d'elle-même est l'élément de sa progression. Que d'erreurs admises pendant des siècles comme des vérités indubitables et qui se sont évanouies sous un rayon de lumière ! Lorsque l'on songe avec quelle peine la vérité parvient à se faire reconnaître, quels combats il lui faut soutenir pour se faire admettre, on n'oserait proposer une telle mesure. Au reste, que signifierait une expérience reposant sur un seul témoignage, qui ne serait pas contrôlée, et à laquelle il serait impossible de répondre victorieusement par une expérience contradictoire?

Pour nous, à des transactions qui admettent une expérience mais qui en proscrivent la répétition, c'est-à-dire le contrôle, la base de certitude, nous répondrons que ce que nous admettons comme prouvé aujourd'hui sera réfuté demain par un expérimentateur plus habile ou plus judicieux, et qui tiendra compte de la part légitime des circonstances environnantes dans le résultat final. C'est sur la critique du savant par le savant que repose la certitude dans les sciences médicales.

Un dogme scientifique ne comblerait pas les aspirations du XIXe siècle.

Lorsque nous avons étudié la vivisection comme apprentissage opératoire, nous avons développé nos conclusions; nous n'y reviendrons pas ici. Il nous reste à rechercher dans quelle mesure doit être pratiquée la méthode dont il s'agit.

Une idée seule doit nous préoccuper : sauvegarder les intérêts d'humanité envers les animaux sans compromettre ceux de la science. Il ne peut exister de mesure qui limite la vivisection; il ne peut exister qu'une mesure qui restreigne le nombre des expérimentateurs. Mais quels sont ceux qui pourront s'y livrer légalement? Faudra-t-il un brevet? qui le délivrera? Quel juge ne réagira contre cette tendance d'assujettir la science? Que signifiera ce brevet? Que vous êtes autorisé à faire des découvertes; qu'il vous est permis d'être un homme de génie? A-t-on inventé une machine qui le dose? Cette mesure serait d'un ridicule trop apparent pour que nous nous y arrêtions un seul instant; mais quoi alors?

Il nous paraît beaucoup plus sage de laisser à quiconque a la mission de fouiller la science le droit de le faire par tous les moyens dont elle dispose. Nous avons démontré que c'était une nécessité à laquelle il fallait sacrifier l'humanité et la pitié. Pourquoi exclure du chemin des découvertes cet étudiant inconnu qui se révélera demain par une conquête qui l'immortalisera? Il est déjà anatomiste, physiologiste, et tous les expérimentateurs célèbres ont passé fatalement par le premier grade; ils ont tous traversé le chemin de l'inconnu. Comme le disait M. Béclard : « La science possède, parmi ses bienfaiteurs, des étudiants qui se sont révélés par une importante découverte. » Le génie n'a pas d'âge.

Quant aux vivisections qui se font dans les colléges, dans les lycées et qui sont reçues avec enthousiasme par les élèves comme une distraction aux labeurs de l'étude, nous les condamnons radicalement. Nous ne voyons pas un grand avantage à ce qu'ils comprennent clairement des questions qui ne leur seront d'aucune utilité. Si, plus tard, ils se livrent à l'étude de la médecine, ils auront le temps de revenir sur ces notions; ce sera alors un devoir. Mais, quand il ne s'agit pour eux que d'une distraction, d'un agrément même intellectuel, nous croyons que c'est l'acheter trop cher que le leur procurer au prix des plus vives souffrances.

Il y a même quelque chose d'immoral, à notre avis, à initier de jeunes imaginations à des spectacles de barbarie qu'elles savourent sans horreur et sans frémissement.

Il en serait de même de celles qui se commettent dans les facultés des sciences pour initier un public étranger à l'art médical à des mystères qu'il ne pourra comprendre. Ces connaissances ne lui sont pas assez nécessaires, ou du moins indispensables, pour autoriser un spectacle aussi barbare, et c'est faire trop bon marché de la souffrance que les tolérer.

Quant à ceux auxquels nous reconnaissons des titres, c'est-à-dire aux anatomistes et aux physiologistes, dans la médecine humaine, il serait maladroit de vouloir leur imposer une limite matérielle; laissons-leur la conscience pour guide.

Laissons la science, qui a la mission de veiller à la conservation de notre santé, s'inspirer de son honnêteté; laissons-la poursuivre ses efforts sous le poids de sa responsabilité, et ne nous jetons pas malencontreusement sur sa route. Pour accomplir sa tâche, elle a besoin d'une latitude qui ne gêne ni son initiative ni la profondeur de ses recherches.

Une dernière question traitée à la légère dans le sein de l'Académie de médecine et qui nous paraît mériter un intérêt tout particulier : Tous les animaux doivent-ils servir indistinctement de victimes à l'expérimentation et sans aucun privilége? Les animaux supérieurs par leur intelligence, ceux qui rendent à l'homme des services sérieux et qui, dans l'accomplissement de leur rôle, révèlent de précieuses qualités, ne devaient-ils pas jouir d'une certaine immunité? Ne devraient-ils pas être garantis par une protection aussi haute que celle de la Société qui veille sur les animaux contre les cruelles souffrances de l'expérimentation?

Cette distinction, regardée peut-être comme absurde en France, trouvera bon accueil, nous n'en doutons pas, dans un pays créateur d'une race hippique et qui a le droit et la mission de protéger son œuvre. Aussi mettons-nous notre vœu sous le patronage de la Société fondée dans la patrie des Eclipse et des Flying-Childers.

Le cheval et le chien entre autres et surtout nous paraissent mériter ce privilége par leur merveilleuse intelligence et leurs aptitudes. Tout animal est sensible à la souffrance, même le plus chétif insecte, bien que nous croyons démontré que plus on s'éloigne du sommet de l'échelle animale, plus la sensibilité est obtuse; mais il est du devoir de l'homme de protéger les animaux qui contribuent à notre bien-être ou à la satisfaction de nos besoins. A la question d'intérêt s'ajoute celle de reconnaissance.

La science du reste ne perdra rien au change ; car à côté du cheval et du chien, elle trouvera des animaux dont l'organisation est la même et qui ne méritent pas le même privilége.

Nous ajouterons même, qu'il serait à désirer que la vivisection mît à profit, dans une limite pratique, les animaux nuisibles.

Les conclusions de notre travail sont les suivantes :

1° La vivisection comme moyen d'apprentissage à la chirurgie vétérinaire est une cruauté que ne légitime pas un intérêt scientifique. C'est à juste titre que l'humanité se révolte contre les scènes de barbarie dont l'existence a été établie. Il y a lieu de la proscrire entièrement de toutes les écoles vétérinaires.

Au point de vue de la chirurgie humaine, une mesure serait inutile et l'intérêt de la science pourrait la condamner dans des cas rares et spéciaux. Au reste la conscience et l'honorabilité des chirurgiens interdisent tout projet à cet égard.

3° La vivisection est absolument indispensable pour étudier la physiologie et pour instituer un traitement qui réponde aux exigences de la pratique. Cela ressort de toutes les découvertes qui lui sont dues et qui ne pouvaient exister que par elle, comme nous croyons l'avoir établi.

4° Tous ceux qui ont la mission de fouiller la science doivent en posséder les moyens. L'histoire de la médecine possède des exemples de talents magnifiques révélés par une découverte.

5° Toute expérience sur l'animal vivant doit être interdite, lorsque l'on n'a en vue que l'instruction d'un public étranger aux questions médicales. On doit éviter les vivisections dans les facultés de médecine lorsque le professeur ne les juge pas indispensables; mais sa conscience doit être le seul guide.

6° Enfin comme dernière conclusion, nous répéterons qu'il serait à désirer que les animaux les plus utiles et les plus agréables, les plus inoffensifs et auxquels nous nous attachons, fussent soumis le moins possible au supplice de l'expérimentation. Nous croyons que cette conclusion est d'autant plus naturelle que nous trouvons dans les mêmes groupes ou à côté des organisations semblables qui révéleront à l'analyse les mêmes mystères et qui ne méritent pas le même intérêt.

FIN

A. PARENT, imprimeur de la Faculté de Médecine, rue Mr le Prince, 31